RHEINISCH WESTFÄLISCHE AKADEMIE DER WISSENSCHAFTEN

AF368123

Rheinisch-Westfälische Akademie der Wissenschaften

Geisteswissenschaften   Vorträge · G 184

Herausgegeben von der
Rheinisch-Westfälischen Akademie der Wissenschaften

KURT BITTEL

Archäologische Forschungsprobleme zur
Frühgeschichte Kleinasiens

Westdeutscher Verlag · Opladen

168. Sitzung am 23. Juni 1971 in Düsseldorf

ISBN 978-3-531-07184-8   ISBN 978-3-322-85390-5 (eBook)
DOI 10.1007/978-3-322-85390-5

Die archäologische Forschung hat sich in Kleinasien erst auffallend spät methodisch und zielbewußt den frühen Perioden der Geschichte dieses großen Landes zugewendet. Sie hielt jedenfalls lange Zeit mit den benachbarten Gebieten nicht Schritt. Das frühe Kreta, auch das frühe Hellas in gewissem Sinne einerseits, die ägyptische Frühzeit und die alten Kulturen Mesopotamiens andererseits waren lange faßbare Größen, als Kleinasien noch weitgehend wissenschaftliche Terra incognita war. Gewiß war man sich seit langem bewußt, daß Mythos und mythisch verbrämte, schwache historische Kunde Kleinasien als sehr altes, sich im Dunkel fernster Vergangenheit verlierendes Kulturgebiet ausweise. Denken wir nur an die Schlaglichter, freilich sehr peripherer Reichweite, die Homer auf ein paar wenige Begriffe und Völker wirft, oder an die allumfassende Bedeutung, die man dem Kult der idaeischen, der Großen Muttergöttin mit ihrem Zentrum Pessinus zumaß, in der man gewissermaßen die älteste, allesbeherrschende Gottheit Kleinasiens sehen und alte verwandte, oder auch nur entfernt ähnliche numina gleich- und unterordnen zu dürfen glaubte, ganz abgesehen von dem den Lykiern – erinnern wir uns an Bachofen – zugeschriebenen Mutterrecht, in dem man sich ebenfalls eine der uralten kleinasiatischen und eben gerade für dieses Land typischen Grundstrukturen vorzustellen für berechtigt glaubte. Der Erschließung und Deutung der literarischen Quellen, der spärlich auf uns gekommenen Überlieferung folgte die Forschung im Lande selbst, das Aufspüren und Aufnehmen oberirdisch erhaltener Spuren und Monumente. Aber die erste wissenschaftliche Ausgrabung großen Stils spielte sich ganz an der Peripherie ab, am Hellespont, in Hisarlik, in dem Heinrich Schliemann und Wilhelm Dörpfeld mit Recht das homerische Ilion sahen. Das Verständnis und die Deutung der „neun Städte" Troias erfolgte jedoch nicht nur durch die beiden Ausgräber, sondern auch noch lange nach ihnen nicht mit dem Standort Kleinasien, sondern mit Augen, deren Blickrichtung von außen her, von Westen, von der Frühzeit der Aegaeis, von der homerischen Welt her bestimmt war. Was aber für den Westen gilt, gilt ebenso für den Osten. Auch hier verstand man bis in unser Jahrhundert hinein Kleinasien lediglich als ein dem Raume der alten mesopotamischen Hoch-

kulturen und dem phönizisch-syrischen Vorfeld des alten Ägypten vorgela-
gertes Gebiet, „Landbrücke", Verbindungsweg zwischen der Aegaeis und
den damals bekannten Hochkulturzonen Vorderasiens, im kulturellen und
politischen Geschehen der Frühzeit scheinbar unselbständig, viel mehr absor-
bierend als eigener schöpferischer Kräfte fähig.

Der eigentliche Durchbruch zur wahren Erkenntnis erfolgte 1906 und
1907. Das ist oft betont worden, muß aber auch hier geschehen. Ich meine
die Entdeckung des hethitischen Staatsarchivs durch Hugo Winckler und
Theodor Makridi in Boğazköy, rd. 200 km östlich vom heutigen Ankara,
fast genau mitten im Herzen Kleinasiens. Das war ohne Zweifel einer der
ganz großen Erfolge, welche die kleinasiatische Forschung überhaupt aufzu-
weisen hat und zudem eine glänzende Kombination von vorbereitender
Arbeit am Schreibtisch, ausgehend von den seit 1888 bekannten, in Mittel-
ägypten gefundenen Tontafeln, den sog. Tell el Amarna-Texten, und dem
Weg, der von hier aus in scharfsinniger Überlegung ins Gelände, nach
Boğazköy und schon im Beginn der Ausgrabung zur Entdeckung des Archivs
führte. Daß der wissenschaftliche Gewinn dieses Fundes im einzelnen ganz
außerordentlich war und sich bis heute immer noch auswirkt, sogar noch
steigert, ist bekannt, daß er aber auch generell nicht hoch genug eingeschätzt
werden kann, ist ebenso evident. Dieser Fund wies das Land für mehrere
Jahrhunderte des 2. Jahrtausends v. Chr. als Zentrum eines Staates und
Reiches aus, das nicht Anhängsel, nicht Außenposten einer östlichen oder
westlichen, nichtkleinasiatischen Konstellation, sondern durchaus anatolischen Gepräges war und in seiner geistigen Haltung wie in seinen kulturellen Leistungen überwiegend nur aus diesem Lande verstanden werden kann.
Mit anderen Worten: Dieser Fund in Boğazköy verlieh mit einem Schlage
einem bedeutenden Abschnitt der Frühgeschichte Kleinasiens den Rang der
Eigenbegrifflichkeit und Eigenständigkeit. Seitdem haben wir gelernt, daß
diese Begriffe nicht nur für diese Jahrhunderte ihre Berechtigung haben,
sondern für die gesamte Frühzeit, vom Beginn der Seßhaftigkeit des Menschen in den weiten Räumen dieses Landes an bis zu seinem landschaftlich
sehr ungleichen und zögernden Aufgehen in der hellenischen Kultur und
Zivilisation in der zweiten Hälfte des 1. Jahrtausends v. Chr. Trotz der
mangelnden Einheitlichkeit der geographischen und geschichtlichen Gegeben-
heiten des Landes, im einen ausgedrückt durch die schärfsten Gegensätze
von Küstengebieten, Randgebirgen und dem zentralen Plateau, im anderen
faßbar durch die zahlreichen ethnischen Veränderungen und Umbrüche,
welche die Halbinsel im Laufe der Zeit erfahren hat, begegnet uns doch

überall ein spezifisch kleinasiatisches Kulturelement, das sich trotz häufiger Aufnahme und Angleichung von Fremdgut als tragende Konstante über die Zeit gehalten hat.

Was Boğazköy an Erkenntnissen in dieser Hinsicht anbahnte, hat erst nach 1930, nachdem Kleinasien durch lange Jahre der Kriege und der Neugestaltung seines staatlichen Lebens gegangen war, was jede Tätigkeit dieser Art verhinderte, zu den entsprechenden Konsequenzen geführt, nämlich zu einer fortschreitenden Untersuchung der einschlägigen Monumente und zu einer gesteigerten Aufnahme planmäßiger Ausgrabungen in geeigneten Orten. Die letzten zwanzig Jahre, seit die unmittelbaren Folgen des 2. Weltkrieges überwunden waren, sind sogar durch eine geradezu stürmisch zu bezeichnende Entwicklung gekennzeichnet und haben Ergebnisse erbracht, die aus der früheren Terra incognita ein Gebiet gemacht haben, das sich mehr als vollwertig seinen altrenommierten Nachbarn in West und Ost zur Seite stellt, sich uns als altes und reiches Kulturgebiet eigenen Gepräges repräsentiert. Aber – wie es sich bei jeder Forschung und bei jedem Forschungsgebiet, die sich im vollen Fluße befinden, von selbst versteht, gibt es auch hier nicht nur Ergebnisse, nicht nur Antworten, sondern zahllose noch offene, immer wieder neu auftauchende Fragen und viele Probleme, die der Lösung harren. Es bedarf keiner Begründung, daß von diesen Problemen hier nur einige wenige, nämlich drei, zudem nur locker verbundene, lediglich skizzenhaft behandelt werden können, die uns von mehr als spezieller Bedeutung zu sein scheinen. Daß dabei der Gewichtsverteilung etwas Subjektives anhaften muß, versteht sich von selbst. Es mag auch berechtigt sein, von dem erwähnten großen Fund von Boğazköy auszugehen, weil er in seinen Auswirkungen auf die kleinasiatische Forschung von fortdauerndem Gewicht ist und weil er – ich verschweige es nicht – meinen eigenen Weg in Anatolien so wesentlich bestimmt hat.

I

Die kleinasiatische Kultur des 14. und 13. Jahrtausends v. Chr. hatte in dem inneranatolischen Raum, der durch das mittlere Flußgebiet des Halys ungefähr bestimmt ist und in dem zu jener Zeit die Hethiter – oder vielleicht besser gesagt: die Großkönige von Ḫattuša, der Hof und die Organe des Staates – das dominierende Element waren, eine sehr bestimmte Form und einen spezifischen Stil, der sie eindeutig von ihrer Nachbarschaft im Osten wie im Westen abhebt. Diese Eigenstellung gibt sich – im archäologischen Sinne ausgedrückt – in der Architektur, in der Plastik, namentlich auch in den monumentalen Felsreliefs, die ein besonderes Charakteristikum bilden, in der Glyptik, in der Keramik und in der Kleinkunst in einer solchen Geschlossenheit zu erkennen, daß sie nicht übersehen werden kann. Das ist, so glaube ich sagen zu dürfen, eine Einsicht, die als feststehendes Ergebnis der Forschung der letzten Jahrzehnte anzusehen ist. Die Frage dagegen, wie es zu dieser Geschlossenheit von Form und Stil kam, welche, vielleicht ursprünglich separate Komponenten zu dieser spezifischen Synthese zusammenfanden, wo die Anfänge lagen und welches die historischen Voraussetzungen zu diesen Anfängen und der folgenden Entwicklung waren – das sind Fragen, die in der Forschung begreiflicherweise sehr lebhaft erörtert werden und die zu den großen Problemen der kleinasiatischen Frühgeschichte zählen; denn die hethitische rechnet ja mit Recht zu den Hochkulturen des Alten Orients, wenn sie auch gemessen an den übrigen die zeitlich jüngste ist. Auch spielt dabei mehr oder weniger bewußt die Tatsache eine Rolle, daß die Hethiter nicht zu den ursprünglich orientalischen Völkern gehörten, denn ihre sprachliche Zugehörigkeit erweist sie als Fremdlinge in ihrem historisch beglaubigten kleinasiatischen Siedlungsgebiet. Sie gehören zur indoeuropäischen Sprachfamilie, was der uns bekannten Sprachgeschichte des alten Vorderasiens zufolge bedeutet, daß sie von nördlichen oder nordöstlichen Gebieten ausgehend in Kleinasien eingewandert und dort zur Festsetzung gelangt sind. Wo ihre ursprüngliche Heimat lag, welche Wege sie auf ihrem Zuge nach Inneranatolien durchmessen haben, wie lange ihre Wanderschaft währte, zu welcher Zeit sie definitiv zu Ende kam und ob sie sich ohne Verzögerung oder in Etappen vollzog, ist noch unbekannt und in gewissem Sinne mit dem archäologischen Problem, das eben skizziert worden ist, verbunden, reicht aber faktisch weit darüber hinaus.

Unmittelbare Quellen über das älteste hethitische Siedlungsgebiet in Kleinasien gibt es nicht. Auch einigermaßen verläßliche Urkunden jener Gattung, die man zur historischen Tradition rechnet, also das, was von den Ereignissen im Gedächtnis der Späteren geblieben ist, sind sehr spärlich und nicht eindeutig. Die beiden ältesten, authentischen, historischen hethitischen Texte, beide jeweils in der akkadischen und in der einheimischen hethitischen Sprache ausgefertigt, stammen vom Großkönig Ḫattušili I. aus der Zeit um 1600 oder höchstens aus der 2. Hälfte des 17. Jahrhunderts v. Chr. Der Mann hat ursprünglich in Kuššar residiert, einer Stadt, deren genauere Lage noch unbekannt ist, und von dort aus seinen Herrschaftssitz nach Ḫattuša, mithin nach dem heutigen Boğazköy verlegt.

Sein – wohl neuer – Name machte diesen Akt auch nach außen erkennbar und sichtbar, denn Ḫattušili heißt „der von Ḫattuša"; der Ortsname wurde also zur Grundlage der Bildung des Personennamens. Zum alten Herrschaftsbereich dieses frühesten, für uns wirklich faßbaren hethitischen Königs hat auch die Stadt Neša gehört, die, wie man jetzt weiß, mit Kaneš identisch ist, einem altberühmten Zentrum, das in dem Ruinenhügel Kültepe wiedergefunden ist und auf das wir noch zurückkommen werden. Mit Neša = Kaneš = Kültepe und Ḫattuša = Boğazköy gewinnen wir zwei geographisch genau determinierte Fixpunkte der frühesten uns erreichbaren hethitischen Geschichte: den einen nur ganz wenig südlich des mittleren Halyslaufes, den anderen im mittleren Teil des weit nach Westen ausholenden Bogens, den dieser Fluß auf seinem Laufe zum Schwarzen Meer beschreibt.

Erheblich weiter zurück führen altassyrische Urkunden, die Geschäftsdokumente assyrischer Handelskolonien und Handelsfaktoreien, die im mittleren und südöstlichen Anatolien von Assur aus, als Mutterstadt, unterhalten worden sind und die im Lande selbst eben die Stadt Kaneš, also Kültepe, als übergeordnetes Verwaltungs- und kultisches Zentrum hatten. Die assyrischen Kaufleute lebten und wirtschafteten in nicht wenigen anatolischen Städten, zwar mitunter in besonderen Quartieren, aber doch in unmittelbarer Nachbarschaft mit der einheimischen Bevölkerung. Die Geschäftsdokumente bieten ihrer Bestimmung nach wenig Einblicke in politische und historische Vorgänge. Aber man sieht doch, daß das Land zwischen rd. 1850 und 1720, denn in dieser Zeit bewegen wir uns mit den Urkunden, aus zahlreichen Fürstentümern bestand, deren Höfe rivalisierten, aber auch bei Gelegenheit Verträge miteinander schlossen und sich bei der Beurkundung, nicht anders als die Kaufleute bei ihren Geschäftstransaktionen, der altassyrischen Sprache und der Keilschrift in einem bestimmten Duktus bedienten. Verbindungen bestanden nicht nur nach Assur, sondern auch nach Mari am mittleren Euphrat, nicht weit oberhalb der heutigen syrisch-irakischen Grenze, einem bedeutenden politischen und wirtschaftlichen Zentrum des 18. Jahrhunderts. Im Sommer 1970 nämlich ist bei türkischen Ausgrabungen im Acemhüyük, südöstlich des großen Salzsees, außer einem Siegel des Assyrerkönigs Šamšiadad I. eine beschriftete Etikette des mit ihm zum Teil gleichzeitigen Zimrilim, Königs von Mari, gefunden worden. Unter den Orten mit einer altassyrischen Faktorei und mit einem einheimischen Fürstenhaus Kleinasiens erscheint in der Zeit um 1800–1720 auch Ḫattuš, d. h. Boğazköy, die spätere hethitische Hauptstadt.

Obgleich die Hethiter weder in der Sprache, noch in der Schrift – denn die Keilschrift, die sie gebrauchten, ist eine Adaption aus einer nordsyrischen Quelle –, auch nur im geringsten sich von den Altassyrern Anatoliens, noch – was ja viel näher läge – darin von den Höfen der einheimischen Dynasten als abhängig erweisen, haben sie in der historischen Tradition doch an einen bestimmten Exponenten jenes Zeitalters angeknüpft, nämlich an die alte

Dynastie von Kuššar und von Neša, d. h. an das Fürstenhaus jener Stadt und jenes Gebietes, in dem, wie vorhin ausgeführt, der älteste uns bekannte hethitische König, Ḫattušili I., zu Hause gewesen war. Anitta von Kuššara jedenfalls, ein Zeitgenosse der Spätphase der assyrischen Handelskolonien, hat nach der Einverleibung des schon erwähnten Neša in seinen Machtbereich das vorhethitische Ḫattuš erobert, den letzten vorhethitischen König dort entthront und die Stadt mindestens partiell zerstört, die dann gut hundert Jahre später neu erstanden, zur hethitischen Hauptstadt und damit im Laufe der Zeit zum Zentrum eines der altorientalischen Großreiche geworden ist. Ob dieser Anitta von Kuššara selbst zu den Hethitern im ethnischen Sinne oder noch zu den vorhethitischen Königen seiner Zeit zu rechnen ist, läßt sich nicht mit Sicherheit sagen. Auf jeden Fall aber hat ihn der spätere groß- königliche hethitische Hof in die eigene historische Tradition einbezogen und sich zugerechnet, denn sein in hethitischer Sprache abgefaßter, authen- tischer Tatenbericht, seine res gestae, fand Aufnahme in das Archiv oder – vielleicht besser gesagt – in die Bibliothek der hethitischen Hauptstadt, wo er bis zum Ende der Stadt um 1200, also über lange Jahrhunderte nicht nur aufbewahrt, sondern wiederholt neu abgeschrieben worden ist. Man wird nicht annehmen wollen, daß dieser Text so lange tradiert wurde, weil sein Verfasser einst in einer fernen Vorzeit einmal den Ort, der später unter ganz veränderten politischen Voraussetzungen zur Hauptstadt des hethi- tischen Landes gewählt worden ist, bekriegt und überwältigt hat. Das betraf allein die Stadtgeschichte und hieße dem hethitischen Geschichtsbewußtsein Motive zuzutrauen, die ihm höchstwahrscheinlich nicht eigen waren. Der Bezug wird vielmehr in den handelnden Personen liegen: Anitta von Kuššar in alter Zeit und Ḫattušili von Kuššar, der als Hethiter stark hundert Jahre später den Ort, den der ältere noch befehdet hatte, zu seiner Hauptstadt macht. Die gemeinsame Herkunft und der gleiche Ausgangspunkt, nämlich Kuššar, ist das verbindende Element – die gemeinsame Herkunft, wohl doch nicht nur geographisch, d. h. im Lokal bedingt, gesehen, sondern als aus gleichem Hause gedacht, zu verstehen. Das wäre dann ein unmittelbarer Bezug der hethitischen Großkönige rückwärts zu einem ebenfalls schon hethi- tischen Fürstenhaus, das in Kuššar den Hauptort seines Landes zur Zeit der altassyrischen Handelskolonien, also in einer Periode hatte, zu der es neben ihm noch eine ganze Anzahl nichthethitischer Fürstentümer gab, die dann im Verlaufe des 17. Jahrhunderts von den Hethitern ausgeschaltet und zu einem Staatsgebilde im zentralen Kleinasien zusammengeschlossen worden sind. Die Urkunde des Anitta – fast möchte man sagen: „die berühmte Urkunde des Anitta" – oft behandelt, dabei auch von mancher Seite in dem hier skizzierten Sinne interpretiert, gewährt demnach, wenn wir recht sehen, einen gewissen, freilich sehr beschränkten Einblick in den Beginn des Aufstieges des hethitischen Staates.

Bei den Ausgrabungen in Boğazköy ist im Herbst 1970 das Bruchstück eines primär althethitischen Textes gefunden worden, den wir, allerdings unter sehr erheblichen Einschränkungen, ebenfalls zur Gattung der historischen Tradition rechnen dürfen. Heinrich Otten hat ihn in einem Vortrag vor der Deutschen Orient-Gesellschaft vor kurzem bekannt gemacht und wird demnächst den ganzen Inhalt veröffentlichen *. Für uns hier ist dabei nur eine bestimmte Stelle von Belang. Anders als in der Urkunde des Anitta wird ein Geschehen geschildert, das vorwiegend märchenhaft-mythische Züge trägt. Es ist das weit verbreitete Motiv, daß eine gleiche Zahl von Töchtern und Söhnen *einer* Mutter nach langer Trennung sich begegnen, sich nicht erkennen und die letzte Konsequenz erst durch das gnädige Walten der Gottheit unterbleibt. Aber die gemeinsame Mutter ist in diesem Falle die Königin von Kaneš, also jener Stadt, die, wie wir hörten, im 19. und 18. Jahrhundert v. Chr. das Zentrum der altassyrischen Handelskolonien gebildet hatte und die dann unter dem Namen Neša vom König Anitta, von dem eben die Rede gewesen ist, eingenommen und seinem Lande einverleibt worden ist. In diesem Kaneš/Neša muß man neben Kuššara geradezu eine Keimzelle, ein Primärgebiet, der Hethiter sehen, denn die (indogermanische) hethitische Sprache galt den alten Anatoliern als die Sprache der Leute von Neša, was in den Texten durch das Adverbium nešili oder nešumnili ausgedrückt wird und auf die Stadt Neša zu beziehen ist. Wir verstehen daher sehr gut, weshalb die eben erwähnte Geschichte vom Schicksal der Söhne und Töchter der Königin von Kaneš/Neša in althethitischer Zeit Aufnahme in die Textsammlung der Könige von Ḫattuša gefunden hat. Was für uns hier dabei zählt, sind nicht die märchenhaften Züge in der Geschichte, sondern die noch erkennbaren realen Schauplätze, denn sie erweitern unsere Einsicht erheblich. Die 30 Söhne im einen und die 30 Töchter im anderen Jahr der Königin von Kaneš werden jeweils zu Wasser ausgesetzt und gelangen auf dem Fluß nach Zalpuwa/Zalpa am Meer. „Und die Götter nahmen die Kinder vom Meer auf und zogen sie groß." Dieser Fluß bei Kaneš/Neša, heute Kültepe, kann nur der Halys, der Kizil Irmak, sein, der ins pontische Meer in der Nähe des heutigen Bafra mündet.

Die Stadt Zalpa ist uns längst bekannt, aber ihre genauere Lage, nämlich an der Küste des Schwarzen Meeres, erfahren wir zum ersten Mal aus diesem neugefundenen Text. Man hat sie bisher teils beim Großen Salzsee, teils

---

* Erscheint als Heft 17 der Studien zu den Boğazköy-Texten (Wiesbaden 1972): H. Otten, Eine althethitische Erzählung um die Stadt Zalpa.

in der Gegend der heutigen Provinzhauptstadt Çorum gesucht, d. h. fast
200 km landeinwärts von der Küste. Die Bedeutung ist nicht zu unterschät-
zen. Der Ort war im 19. und 18. Jahrhundert als kārum Zalpa der Sitz
einer altassyrischen Handelskommune, hatte aber auch einen rubā'um, also
einen Fürsten, einen einheimischen Dynasten, der die fremden Kaufherren
und ihre Faktorei in sein Territorium aufgenommen hatte. Wir erfahren
durch diesen Text – wie man sieht: indirekt – zu unserer Überraschung,
daß sich der Geltungsbereich und das Einzugsgebiet der altassyrischen Han-
delsorganisation bis an die Küste des Schwarzen Meeres erstreckt hat und
keineswegs nur eine binnenländische Angelegenheit war, wie man bisher
anzunehmen allen Anlaß hatte. Aber auch diese alte, scheinbar so exponierte
Stadt ist in die historische Tradition der Hethiter einbezogen gewesen, denn
man kennt seit langem einen 1934 von H. G. Güterbock grundlegend bear-
beiteten Text, der zum Teil ebenfalls als literarische Gestaltung eines neben
der späteren offiziellen Geschichtsschreibung vorhandenen Traditionsgutes
anzusehen ist. Er fängt nämlich mit mythischen Zügen an, in die sich, wenn
auch nicht Bruch an Bruch, vielleicht das neugefundene Bruchstück einglie-
dern läßt, geht dann aber in eine Schilderung über, die zweifellos einer realen
historischen Sphäre angehört und von den Beziehungen der Stadt Zalpa zu
drei Generationen von hethitischen Königen handelt. Keiner wird mit Namen genannt, was die präzisere Datierung erschwert. Erst beim dritten erscheint Ḫattuša als Regierungssitz, die Zeit der vorausgegangenen Generationen muß also vor Ḫattušili I. liegen. Aber – und das ist nun ganz verständlich – auch diese Stadt erscheint im alten Text des Anitta mehrfach.
Zu seiner Zeit hieß ihr König Ḫuzzija, ein Name, der auch bei althethitischen
Königen bezeugt ist. Es ist daher kein Zweifel, daß diese Stadt Zalpa in der
frühen hethitischen Geschichte, zur Zeit, als sich die hethitische Hegemonie
schrittweise herausbildete, eine erhebliche Rolle gespielt hat und mit zu
einem Fixpunkt der historischen Tradition geworden ist.

Die bis heute wiedergefundenen Quellen reichen demnach zur Rekon-
struktion der Geschehnisse im einzelnen bei weitem nicht aus. Wir verfügen
nur über einzelne Mosaiksteinchen, die höchstens ein Bild in großen Umrissen
zulassen. Doch das berührt uns hier nicht wesentlich. Was für uns zählt, ist,
daß mit der jetzt gelungenen Fixierung von Zalpa am Ufer des nördlichen
Meeres der geographische Raum, in dem sich während des 18. und 17. Jahrhunderts v. Chr. die Ereignisse zutrugen, die zur Entstehung eines hethitischen Staates mit weitreichender Geltung geführt haben, genauer eingrenz-
bar ist. Es war nicht, wie man bisher uneingeschränkt meinte, allein der zen-

trale Teil des mittleren Kleinasiens, sondern viel mehr der nördlichere, jene Partie, die einerseits durch das Schwarze Meer, andererseits durch das Gebiet um den Mons Argaeus, den heutigen Erciyas Dağı mit der Stadt Kaneš/ Neša in seiner unmittelbaren Nachbarschaft bestimmt ist. Innerhalb dieser breiten nördlichen Zone liegt mit Ḫattuša-Boğazköy die dritte lokalisierbare Stadt, die von der Frühzeit an von Gewicht war, während die vierte, Kuššar, die uns mehr als einmal vorhin begegnet ist, zwar im Gelände noch nicht identifiziert ist, aber den ganzen Zusammenhängen nach ebenfalls innerhalb dieser nördlichen Zone gelegen haben muß.

Diese Festlegung des Aktionsraumes in dem, was in der späteren Geschichte des Altertums Pontus und nördliches Kappadokien hieß, verleiht jetzt auch der Deutung archäologischer Funde und Befunde aus diesem Gebiet einige neue Aspekte. Darauf ist jetzt in der gebotenen Kürze einzugehen.

Der Norden Anatoliens gehört, soweit wir wissen, nicht zu den altbesiedelten Gebieten dieses großen Landes. Im südlichen Bereiche, im ebenen Kilikien, aber auch in der Hochlandszone, zwischen dem Großen Salzsee etwa und dem Nordrand des Taurusgebirges, ebenso in den Hochebenen des Seengebietes von Pisidien beginnt die menschliche Dauersiedlung schon im akeramischen Neolithikum. Was dieses Gebiet in jener frühen Zeit dem Menschen besonders anziehend machte, für besondere Lebensbedingungen bot, ist ganz problematisch. Heute jedenfalls gehört es – mit Ausnahme des ebenen Kilikien – nicht zu den von der Natur besonders bevorzugten. Es mag aber sein, daß die natürlichen Voraussetzungen einst günstiger waren, was sich erst dann beurteilen lassen wird, wenn die Forschung auch auf diesen Gebieten – wir denken besonders an Palaeobotanik und Bodenkunde – in Anatolien über die ersten bescheidenen Anfänge, die vorliegen, hinauskommt und umfassende Ergebnisse liefert. Tatsache ist es jedenfalls, daß die eben genannte Zone für lange Zeit, nämlich für das ganze Neolithikum und für das ältere Chalkolithikum Anatoliens dominant blieb. Hier haben Ansiedlungen von nahezu stadtartigem Charakter bestanden. Ihre baulichen Anlagen und die aus den Funden aller Art einschätzbare Zivilisationshöhe beweisen, daß in dieser Frühzeit das südliche Anatolien etwa Mesopotamien, das ja bald darauf zum ersten Hochkulturgebiet der Alten Welt aufstieg, nicht nachstand, sondern mindestens ebenbürtig war. Çatal Hüyük, ein besonderer Repräsentant dieser Periode, ostsüdöstlich von Konya, ist mit 13 ha Fläche eine der größten neolithischen Ansiedlungen, die man in Vorderasien überhaupt kennt. Ein sehr extensiver, hochentwickelter Ackerbau und ein ausgedehnter Handelsumsatz mit der anatolischen Südküste, namentlich Kilikien, vielleicht auch mit Cypern, bildeten ihre Existenzgrundlage. Möglicherweise boten die großen natürlichen Obsidianvorkommen in ihrer Nach-

barschaft die Basis für diesen Fernhandel. Obsidian war ja für Waffen und
Geräte aller Art in vormetallzeitlichen Perioden hoch geschätzt. Die Ansiedlung im Çatal Hüyük, die zwölf Schichten aufweist, ist dicht mit einzelnen
Anwesen bebaut, die nicht gegenseitig abgesetzt, sondern fast wie Bienen-
waben aneinander gefügt sind. Man ahnt dahinter ein bis ins letzte vervoll-
kommnetes Kollektiv, das sich von außen bedroht fühlte. Zu den markanten
Zügen gehört es, daß die Wände der Räume zum großen Teil nicht glatt,
sondern dekoriert sind. Es gibt Malereien in natürlichen Farben, oft sogar
mehrfarbig, Tiere, Menschen, aber auch Jagdszenen wiedergebend; dann
Reliefs, Plastik, nicht selten mehr als 2 m hoch, aus Stuck, und drittens Figu-
ren, überwiegend Tierfiguren, die aus einem einheitlichen Stucküberzug der
Wände ausgeschnitten sind. Alle diese Äußerungen früher Kunst sind, das
zeigen die Motive deutlich, kultisch bestimmt, ebenso wie die freiplastischen
Werke, Statuetten, die vorwiegend eine weibliche Gottheit, nach Ausweis
betonter Parteien gewiß eine Fruchtbarkeitsgöttin, erkennen lassen, einmal
thronend und links und rechts von Löwen flankiert, ganz ähnlich wie man
sich sehr viel später Kybele thronend dachte, ohne daß man daraus eine
ungebrochene Bezugslinie ableiten dürfte.

Im späteren Neolithikum und im älteren Chalkolithikum verlagert sich
das Schwergewicht mehr nach Westen, bleibt aber immer noch innerhalb der
vorhin genannten Grenzen des südanatolischen Bereiches. Hacılar in der
Gegend der pisidischen Seen ist dafür ein ebenso bezeichnendes wie eindrucksvolles Beispiel. Die Ansiedlung ist nicht so groß wie Çatal Hüyük, hat
aber immerhin 9 aufeinanderfolgende Stadien ihrer baulichen Entwicklung
durchlaufen und ist, was Typus und Struktur der Siedlung als solche betrifft,
ohne Zweifel nur aus dem Vorausgegangenen, Älteren zu verstehen, aus ihm
entwickelt. Die Idole bezeugen auch hier die gleichen Kultvorstellungen.
Was aber bei der älteren Zivilisation in der Wanddekoration seinen Aus-
druck fand, konzentrierte sich in den jüngeren auf die Vasenmalerei, die
namentlich in den jüngeren und jüngsten Phasen des chalkolithischen Hacılar
einen Reichtum an Form und Ornament und im ganzen gesehen einen Stil
zeigt, der zu jener Zeit nicht nur in Anatolien ohne Beispiel ist.

Es kam mir nicht darauf an, in diesem Zusammenhang dieses frühe Kulturgebiet genauer zu definieren oder gar in seinen einzelnen Zügen deuten
zu wollen. Dafür liegt schon jetzt eine reiche und leicht erreichbare Literatur
vor. Für uns hier ist lediglich die Feststellung von Belang, daß es in diesem
südlichen Teile Anatoliens ein frühes Kulturgebiet gab, das in allen seinen
uns noch faßbaren Lebensäußerungen einen Stand und eine Höhe aufweist,
die es im Vorderasien seiner Zeit mit in die vorderste Linie rücken und, von
uns aus gesehen, gewissermaßen den Keim einer weiteren, aufsteigenden Ent-

wicklung in sich schließen sollte. Aber im Gegenteil: es erlosch, ohne daß die Gründe dazu mit Hilfe unserer heute verfügbaren Einsichtsmöglichkeiten erkennbar wären. Es gibt keine Fortsetzung, sogar kaum in dieser oder jener Einzelerscheinung, vielmehr verschwand so gut wie alles, was die spezifische Eigenart dieses alten Kulturraumes ausgemacht hatte. Gewiß war er auch in der anschließenden Zeit besiedelt, aber ohne Anknüpfung an das Vorausgegangene. Das kulturelle Schwergewicht, das bisher im Süden Anatoliens gelegen hatte, verlagerte sich jetzt, jedoch ohne Abhängigkeit von dort, in den Norden, jenen Norden, aus dem wir bis heute aus der vor rd. 2700 v. Chr. liegenden Zeit nicht ein einziges eindeutiges Zeugnis für dauernde Niederlassung, für wirklich echte Seßhaftigkeit des Menschen besitzen. Jetzt aber, nachdem der Süden zurückblieb, blühte der Norden auf, aus Gründen, die wir nicht kennen, bei denen aber ebenfalls bestimmte natürliche Bedingungen dieses Landesteiles, etwa eine dichte, der menschlichen Besiedlung zunächst feindliche Bewaldung, ihre Rolle gespielt haben können. Auf jeden Fall aber gehört auch dieses Phänomen zu den großen noch ungelösten Problemen der kleinasiatischen Frühgeschichtsforschung. Von welchem Belang der Eintritt des Nordens auf die Schaubühne für unsere speziellen Überlegungen ist, soll jetzt kurz ausgeführt werden.

Die Besiedlung in Form von Dauerniederlassungen beginnt dort im späten Chalkolithikum und setzt sich ungebrochen in jenen Jahrhunderten fort, die man in Anatolien unter dem Begriff des älteren Abschnitts der Frühen Bronzezeit zusammenfaßt. Im jüngeren Abschnitt aber, der etwa mit 2300 v. Chr. beginnt, setzt eine Intensivierung, aber zugleich auch eine Konzentrierung an bestimmten Plätzen ein, an denen die äußeren und inneren Bedingungen zur Ausbildung gehobener Lebensformen und zur Schaffung von Luxusgütern gegeben waren. Das waren Ansiedlungen, die man nach ihrer Größe und der Bewohnerzahl, die sich ungefähr daraus ableiten läßt, als Städte bezeichnen kann, die aber nach Ausweis der – wo es noch feststellbar ist – intramuralen Nekropolen mit ihrer zum Teil fürstlichen Ausstattung an Grabbeigaben zugleich auch Zentren politischer und geistiger Macht gewesen sind, Herrschaftsitze von Dynastien, denen das umliegende Land zu eigen war. Der westlichste Repräsentant dieser Art ist Hisarlık, Schliemanns Troia, und zwar die sog. erste und zweite Stadt dieser stark befestigten Ansiedlung am Hellespont, also in einer Position, welche die durch Funde nachweisbaren lebhaften Beziehungen zur Aegaeis – Lesbos, Lemnos, Samos, aber auch zum festländischen Griechenland, wie z. B. Lerna auf der Peloponnes – ganz verständlich macht. Im östlichen Teile Nordkleinasiens aber häufen sich Zentren dieser Art in auffallender Weise in den Flußgebieten des Halys, des Iris und des Lykos. Hier gibt es – in Hüyük, Eskiyapar,

Mahmatlar, Kayapınar und Horoztepe – Nekropolen, Schachtgräber mit Holzverkleidung und flachen Holzdecken, die sich durch einen außerordentlichen Reichtum an Beigaben auszeichnen, unter denen hervorragende Kunstwerke aus Metall – Gold, Silber, Elektron, Kupfer und Bronze, während Eisen nur erst ganz selten vorkommt – an der Spitze stehen. Man sieht, daß an diesen Zentren Metallurgen von hohem Rang im Dienste der lokalen Höfe gearbeitet haben müssen. Die natürlichen Vorkommen von Gold, Silber, Kupfer in den pontischen Bergen und von Zinn im nicht allzu fernen Nordwest-Iran lieferten das nötige Metall, das im Geltungsbereich dieser nordkleinasiatischen Herrschaftsgebiete lag und ihren Reichtum ebenso bedingte, wie die damit verbundene Ausnahmestellung gegenüber dem übrigen Kleinasien.

Die Metallhandwerker griffen gelegentlich fremde Anregungen auf: von Westen aus einem Kreise, zu dem auch Troia gehörte, mit dem überhaupt Wechselbeziehungen bestanden, von Osten aus dem kaukasischen und transkaukasischen Gebiet, jedoch kaum aus dem alten mesopotamischen Kulturraum. Aber gegenüber diesen Anregungen von außen steht die eigene Leistung, beruhend auf eigenem Empfinden und eigener Schaffenskraft, durchaus im Vordergrund, die zu einem einheitlichen Stil führte, der völlig pontisch-kleinasiatischen Gepräges ist. Es ist nicht erforderlich, dies hier im einzelnen zu begründen und zu dokumentieren, denn zahlreiche, leicht erreichbare Veröffentlichungen bieten davon ein eindrucksvolles Bild, namentlich von den in den letzten Jahrzehnten berühmt gewordenen Funden von Hüyük bei Alaca und vom Horoztepe. Aber einige der sowohl in der Form wie in der durch die senkrechte Riefelung des Gefäßkörpers hervorgerufenen Nuancierung von Licht und Schatten so edel wirkenden, schlichten Goldgefäße seien uns doch ins Gedächtnis zurückgebracht. Dazu ein goldenes, durchbrochenes Diadem, vor allem aber vollplastisch gegossene Tierfiguren, unter denen ein 52 cm hoher Hirsch aus Bronze mit silbernem Kopf und Geweih und mit in Silber eingelegter Musterung des Körpers besonders hervorragt. Die zwar stilisierten und abstrahierten, aber in den wesentlichen Zügen doch naturalistisch aufgefaßten Körperformen machen ein wesentliches Charakteristikum der Kunst dieser nordkleinasiatischen frühen Kultur aus. Das waren vielleicht Aufsätze von Kultstandarten. Ob auch andere, oft sehr schwere Tierfiguren oder Tiergruppen, in diesem Sinne verstanden werden dürfen, ist dagegen fraglich. Bei ihnen stehen Hirsche, allein oder mit Stieren oder Panthern kombiniert, auf einer gemeinsamen Basis, die beidseitig in mächtigen Stierhörnern ausläuft. Auch hier ist die kultische Bindung kaum zu leugnen, die genauere Deutung und Zuweisung aber ein noch ungelöstes Problem.

Wir sagten, daß der Beginn dieser hohen nordanatolischen Zivilisation etwa um 2300 v. Chr. anzusetzen sei. Das war lange umstritten, denn unmittelbare Quellen, Schrifturkunden fehlen aus dieser Zeit noch gänzlich, so daß man beim Versuch zur absoluten Datierung auf die komparativ-stratigraphische Methode allein angewiesen ist. Aber es kann jetzt, auf Grund der letzten einschlägigen Untersuchungen kaum mehr ernstlich bezweifelt werden, daß ihr Höhepunkt zwischen rd. 2100 und 1950 v. Chr. lag. Das ist der Zeitabschnitt, welcher der Periode der altassyrischen Handelsniederlassungen unmittelbar vorausging, auf die dann die erste und älteste hethitische Staatsgründung folgte. Damit aber kommen wir zum Eingang dieses Kapitels zurück, d. h. im Grunde auf nichts anderes als auf den Tontafelfund in Boğazköy im letzten Jahr, aus dessen Text die Lage der Stadt Zalpa im Mündungsgebiet des Halys in das Schwarze Meer mit Sicherheit hervorgeht. Daraus ergab sich nicht nur, daß altassyrische Faktoreien, karū, bis hinauf an die Küste des Pontus Euxinus bestanden haben, sondern „daß der geographische Raum, in dem sich während des 18. und 17. Jahrhunderts v. Chr. die Ereignisse zutrugen, die zur Entstehung eines hethitischen Staates mit weitreichender Geltung geführt haben", eben diese nördliche Zone, zwischen Kaneš/Neša im Süden und der Schwarzmeerküste im Norden gewesen ist. Das ist der gleiche Landstrich, in dem, wie wir sahen, im letzten Abschnitt der Frühen Bronzezeit eine Kultur besonderer Höhe und besonderen Gepräges zu Hause war. Damit aber bahnt sich wohl die Lösung eines alten archäologischen Problems an. Ich meine, die schon lange gemachte, aber bisher nicht so recht erklärbare Beobachtung, daß diese ältere Kultur an der Ausbildung und Prägung der hethitischen des späteren 2. Jahrtausends ihren ganz wesentlichen Anteil hatte, deren eine Komponente überhaupt direkt auf sie zurückzuführen ist, während die andere durch Elemente bestimmt ist, die im südlichen Bereich, im Gebiet um den Argaios, im Raume von Kaneš/Neša sich anboten. Der starke Anteil des Nordens im Hethitischen ist jetzt viel verständlicher geworden, und die alte Frage, die auch ich bis vor kurzem stets verneint habe, ob denn die Angehörigen jener Fürstenhöfe, die sich im pontischen Bereich in der Zeit zwischen rd. 2100 und 1950 durch die Funde, die sie uns hinterlassen haben, uns in so eindrucksvoller Weise dokumentieren, ethnisch gesehen noch vorhethitisch oder ihrer Sprachzugehörigkeit nach nicht schon hethitischer Zunge gewesen seien, diese Frage stellt sich jetzt mit verstärktem Gewicht. Aber das ist eine Frage, die ihrerseits wieder eine Reihe weiterer Probleme aufwirft.

Unsere neue Einsicht in die Situation der Frühzeit macht aber, so scheint es mir, auch deutlich, weshalb das Lokal von Boğazköy von den frühen hethitischen Königen zur Hauptstadt gewählt worden ist. Solange man sich das Kerngebiet des althethitischen Reiches in südlicheren Gebieten vorzustellen hatte, erschien die Stadt als peripher, durch querverlaufende Gebirgszüge davon wie getrennt. Aber im Verhältnis zum nördlichen Teil, in dem, wie wir jetzt wissen, in der Frühzeit das Schwergewicht lag, nimmt sie eine geradezu zentrale Position zwischen dem mittleren Halyslauf im Süden und der Schwarzmeerküste im Norden ein, liegt zudem im Zuge eines natürlichen Verkehrsweges, der aus dem Gebiet von Kayseri hinauf nach Sinope führt. Später freilich in einer Unglückszeit (die die Hethiter in ihrer Geschichtsschreibung zwar nicht ausdrücklich als solche bezeichneten, aber dem Tenor nach doch in diesem Sinne empfanden), im 15. Jahrhundert v. Chr., gingen die nördlichen Reichsteile an die Kaškaeer verloren, ein fremdes, in den Augen der Hethiter barbarisches Volk, dessen Herkunft wir nicht kennen, das höherer staatlicher Ordnung entbehrte und das nur zu mehr oder weniger lockeren Stammesverbänden zusammengeschlossen war. „Die Tempel, die ihr in diesen Ländern besaßet, haben die Kaškäer umgestürzt, und eure, der Götter Statuen haben sie zerschlagen. Die heiligen Priester und die Priester, die ‚Göttermütter‘, die Gesalbten... [haben sie] unter sich aufgeteilt und sie zu ihren Sklaven gemacht“, heißt es in einem Gebet des hethitischen Königspaares Arnuwanda und Ašmunikkal um 1430 v. Chr. Das Verlorene hat Ḫatti als Ganzes nie mehr zurückgewonnen. Von nun an lag die Hauptstadt im Verhältnis zum kleinasiatischen und außerkleinasiatischen Reichsgebiet sehr peripher, von den Feinden im Norden wiederholt unmittelbar bedroht. Der hethitische Staat orientierte sich jetzt stärker als zuvor nach den südlichen und südöstlichen Bereichen. Aus dieser Phase möchte ich in den anschließenden Kapiteln noch kurz zwei mir wesentlich scheinende archäologische Probleme herausgreifen, die beide das Verhältnis des hethitischen Kleinasiens zu seinen Nachbarn betreffen.

II

Seit Emil Forrer im Jahre 1924 das in hethitischen Texten aus Boğazköy vorkommende Land Aḫḫijava für nichts anderes als die hethitische Form von Achaia erklärte und darunter ein großes mykenisches Reich verstand, das nicht nur Teile Kleinasiens und der Inseln, sondern auch das griechische Festland umfaßte, ja das geradezu unter der Hegemonie von Mykenai gestanden haben sollte, haben die damit zusammenhängenden Probleme die Forschung bis heute stark beschäftigt. Die Deutungen und weitgehenden Schlußfolgerungen Forrers lassen sich zwar nicht aufrechterhalten, denn das bei den Hethitern bezeugte Aḫḫijava war ein Land und ein Fürstentum, das ausschließlich auf kleinasiatischem Boden zu lokalisieren und für das ein Teilgebiet zwischen Karien einerseits und der Troias andererseits in Anspruch zu nehmen ist. Genauere Grenzen dem Landesinnern zu lassen sich nicht festlegen. Aber unbeschadet der genaueren Lokalisierung von Aḫḫijava besteht doch die Tatsache, daß das ein Gebiet ist, in dem nachweislich nicht wenige spätmykenische Funde belegt sind. Mykenisches kennt man auch von Kilikien, vor allem von Tarsus. An der Westküste beginnt die Reihe der mykenischen Fundorte mit Troia am Hellespont und zieht sich dann südwärts bis in das westliche Küstengebiet von Lykien. Zeitlich umfassen sie eine Spanne, die von Späthelladisch I bis Späthelladisch III C 1, also vom 15. bis zur 1. Hälfte des 12. Jahrhunderts v. Chr. reicht. Nicht überall ist dort mit mykenischen Ansiedlungen zu rechnen, oft handelt es sich gewiß nur um Import in einheimischen, kleinasiatischen nichtmykenischen Orten. In Milet jedoch, wahrscheinlich auch in Ephesus und sicher auf der Halbinsel von Halikarnass haben echtmykenische Ansiedlungen bestanden, im Falle von Milet sogar eine im 13. Jahrhundert wohlbefestigte, ansehnliche Stadt, die in Geltung und Handel in gewissem Sinne schon das vorwegnahm, was später die Bedeutung des griechischen archaischen Milet ausmachte.

Im Gegensatz zu den Küstengebieten kennt man mykenische Funde nur von wenigen isolierten Punkten des Binnenlandes, sicher als Einfuhrgut, nicht als Niederschlag mykenischer Besiedlung. Aber selbst dort darf damit gerechnet werden, daß in der Mehrzahl der Fälle das Ursprungsland dieses Fremdgutes bekannt war oder daß mindestens die Frage nach dem Woher und nach den Produzenten von den Einheimischen gestellt worden ist. Eine gewisse Kenntnis einiger östlicher Zentren mykenischer Kultur wird daher im Kleinasien des 14. und 13. Jahrhunderts bestanden haben, auch bei den Hethitern und auch am Hof der hethitischen Hauptstadt, legen sich doch die Fundorte mykenischen Kulturguts im Westen zusammen mit denen in Kilikien wie ein Bogen um den hethitischen Kernraum im Binnenland. Kilikien war mindestens seit der Mitte des 14. Jahrhunderts v. Chr. Reichsgebiet, Tarsus damals eine bedeutende Stadt, und um 1240 v. Chr. haben die Feldzüge gegen das Land Aššuwa den Großkönig Thutalija IV. bis dicht an die Küste des Ägäischen Meeres geführt, denn Aššuwa ist wahrscheinlich nichts anderes als ein Teil der später Asia genannten Landschaft im Raum des Hermos und des Kaystros. Noch mehr Aufmerksamkeit erweckt die Tatsache, daß es sowohl im Westen wie auch im Süden monumentale hethitische Denkmäler gibt, Felsdenkmäler, die zu allen Zeiten bis heute sich dem Auge so eindringlich bieten, daß sie unmöglich übersehen werden können: in Kilikien ein Relief des Großkönigs Muwatalli um 1300 v. Chr. an einer Felswand über dem Fluß Pyramos; im Westen am Sipylos-Gebirge ein riesiges

Felsbild einer thronenden weiblichen Gottheit und nicht weit davon entfernt an einem Paßübergang zum Kaystrostal ebenfalls im Fels ein Relief von unverkennbar hethitischem Stil. In allen Fällen müssen Bildhauer am Werke gewesen sein, die entweder der Schule der hethitischen Reichskunst unmittelbar angehört oder doch von dort ihre entscheidenden Anregungen empfangen haben.

Trotz der Nachbarschaft, ja teilweisen Durchdringung des Geltungs- und Einflußgebietes der beiden Kulturbereiche, des hethitischen einerseits und des mykenischen andererseits, die ohne eine gewisse gegenseitige Beachtung kaum denkbar ist, ist doch seltsamerweise bis heute weder hier noch dort auch nur ein einziges Fundstück aufgetaucht, das gegenseitigen Einfluß bezeugte. Im ganzen westkleinasiatischen Küstengebiet gibt es außer den beiden Felsreliefs nichts, was hethitischer Zugehörigkeit wäre. Aber auch umgekehrt, d. h. bei den Hethitern, verhält es sich nicht anders. Auch hier mangelt es ganz an Belegen für Einflüsse oder Einwirkungen der mykenischen Kultur: Funde, die als Handelsimport oder als Geschenke an den Hof der Großkönige oder an große Heiligtümer verstanden werden könnten, oder etwa die Aufnahme von Motiven der so reich entwickelten und vielfältigen mykenischen Kultur in die hethitische. Es darf daher für sicher gelten, daß die Hethiter und die hethitische Kunst sich gegenüber der mykenischen trotz der unmittelbaren Nachbarschaft indifferent, ja dem kleinasiatischen, vom Mykenischen durchsetzten Westen gegenüber sich geradezu ablehnend verhalten haben.

Ganz im Gegensatz dazu ging ihre Blickrichtung, was ja auch im Gang ihrer politischen und imperialen Geschichte lag, viel stärker nach dem Südosten, nach Syrien und Nordmesopotamien. Die nord- und mittelsyrischen Reichsteile bis etwa Homs im Süden und bis hin zum Euphrat im Osten brachten die Hethiter über mindestens zwei Jahrhunderte in engen Kontakt mit alten vorderasiatischen Kulturgebieten. Daß sie darüber hinaus in jener Zeit, als sie zur dritten Großmacht der damaligen Welt zählten, auch mit dem Ägypten der späten 18. und der 19. Dynastie und mit dem kassitischen Babylon in enger Verbindung standen, ist bekannt. Wieweit diese Verbindungen über das durch Politik und Diplomatie Gebotene hinausgingen, ergibt sich, wenigstens in Ausschnitten, ebenfalls aus den Texten und ist oft beschrieben worden. Dazu kommen Funde ägyptischer Provenienz, sei es aus dem Nillande selbst, sei es aus dem stark ägyptischer Kultureinwirkung unterworfenen palästinensisch-syrischen Raum. Auch in der hethitischen Hauptstadt, und zwar gerade in der Königsburg fehlen sie nicht ganz. In diesem Zusammenhang stellt aber auch die monumentale hethitische Architektur ein Problem von nicht geringer Bedeutung.

III

1969 haben wir nach mehrjähriger Arbeit die Ausgrabung des größten Tempels der hethitischen Hauptstadt in Boğazköy zu Ende gebracht, nachdem an diesem gewaltigen Bauwerk in verschiedenen, freilich oft lang voneinander getrennten Etappen seit 1907 gearbeitet worden war. Leider ist in dem Heiligtum, das ein Doppeltempel mit zwei Kulträumen gewesen ist, nichts erhalten, was die Bestimmung der Gottheiten, denen er geweiht war, unmittelbar erlaubte. Von den Kultbildern ist lediglich noch die eine Basis in der rechten Cella vorhanden. Der Tempel entbehrt in seinen alten Teilen jeglicher bildlichen Darstellung, auch fehlt eine Bauinschrift. Aber es gibt ein indirektes Zeugnis. In einer hier gefundenen Tontafel, einem Ritualtext, wird erwähnt, daß der König das „große Haus" betritt, um dort kultische Handlungen für den „Wettergott des großen Hauses" auszuführen. Unter É-TIM GAL, Großes Haus, darf man diesen Tempel verstehen. Da es aber ein Doppeltempel war, kann die andere Gottheit nur die mit dem großen Wettergott verbundene Sonnengöttin – die Sonnengöttin von Arinna – gewesen sein. Selbst wenn wir den Hinweis dieses Textes nicht hätten, kämen für diesen größten Tempel der Hauptstadt, der zugleich der monumentalste ist, den man überhaupt kennt, ohnehin kaum andere Gottheiten in Betracht als eben das oberste Götterpaar: Wettergott und Sonnengöttin des hethitischen bzw. Tešup und Ḫepat des hurritischen Pantheons.

Der Tempelbezirk besteht aus drei Teilen, von denen jeder für sich eine organische Einheit bildet. Der erste besteht aus dem eigentlichen Kultgebäude im Zentrum mit einem monumentalen Propylon, einem rechteckigen Hof, der auf der Rückseite durch eine offene Pfeilerhalle abgeschlossen ist, durch die man dann durch mehrere Vorgelasse in die beiden Kulträume, die Cellae, eintritt. Dieser Bau ist allseitig von gepflasterten Straßen und an seinen vier Seiten von Bautrakten umgeben, die ihn nach außen abschließen und nur durch drei Pforten und einen großen Torbau im Südosten durchbrochen sind. Erhalten sind jeweils nur die untersten Geschosse; aber Treppenhäuser zeigen, daß diese Trakte mehrstöckig gewesen sind, im Norden und Nordwesten nach Ausweis der Niveauverhältnisse sogar dreistöckig. Die Funde, die in ihnen gemacht worden sind, zeigen, daß sie überwiegend als Magazine gedient haben, in denen das Tempelgut gestapelt war. Aber es gab auch solche anderer Bestimmung, wie der Fund eines Tontafelarchivs in den Räumen 10–12 der Ostmagazine zeigt. Durch eine breite Straße getrennt, grenzt südwestlich ein weiteres Bauwerk an, das sowohl durch die Führung seiner Fassade als auch durch den einzigen Zugang, der seine Umfassungsmauern durchbricht und der eine Pforte des Tempelareals genau

gegenüberliegt, deutlich macht, daß es zum Temenos im weiteren Sinne zu
rechnen ist. Durch einen Gang gelangt man in einen Innenhof, von dem aus
zwei Passagen die Räume im Süden resp. die im Norden aufschließen. Im
Süden sind es kleine und kleinste Zimmer, von denen 2–7 jeweils eine Raum-
gruppe bilden, im Norden dagegen größere Gelasse, die zum Teil den Magazinen des anderen Bezirkes entsprechen. Eine Tontafel, die hier gefunden
worden ist, gibt einen Hinweis auf die einstige Bestimmung des seltsamen
Gebäudes. Sie enthält eine Liste mit der Aufzählung von zu einem É-GIŠ
KIN-TI, also einem Haus der „Arbeitsleistung" (o. ä.) gehörenden Personen.
Die Zahl der Insassen beläuft sich auf 208. Auf dem Tafelbruchstück ist jedoch
nur noch von 144 die Bezeichnung der Beschäftigten erhalten. Danach sind
es 18 Priester, 29 Musikantinnen, 19 Tontafelschreiber, 33 Holztafelschreiber, 35 Wahrsagepriester, 10 Sänger auf hurritisch. Die 64 fehlenden wer-
den gewiß gleichfalls zu jenen Dienstleistungen verpflichtet gewesen sein,
die ein großes Heiligtum erforderte: von den Priestern über die Wahrsagepriester bis zu den bei bestimmten Kulthandlungen benötigten Sängern und
Spielern von Instrumenten, aber auch die Schreiber, und zwar Tontafel- und
Holztafelschreiber. Daß hier in diesem Bauwerk unter anderem tatsächlich
Schreiber beschäftigt gewesen sind, geht auch aus dem Fund mehrerer
Schreibgriffel aus Bronze hervor. Es ist möglich, aber nicht beweisbar, daß
die sieben kleinen, unmittelbar rechts von der Eingangspassage gelegenen
Räume als Kanzlei gedient haben.

Der ganze Tempelbezirk – Kultbau, Magazintrakte und „Haus der Arbeitsleistung" – ist im Verlauf des 13. Jahrhunderts v. Chr. entstanden. Daß
eine einheitliche Konzeption zugrunde liegt, ist nicht zu verkennen. Als
Bauherr kommt vor allem der Großkönig Ḫattušili III. (zwischen 1280 bis
1250) in Betracht; doch ist auch unter seinen Nachfolgern noch an den Ge-
bäuden gearbeitet worden. Hier kommt es nicht darauf an, Einzelheiten
dieses Architekturwerkes zu analysieren und zu deuten. Was uns hier berührt, ist allein die Gesamtanlage. Sie geht in dem, was sie funktionell dar-
stellte, nicht über das hinaus, was man aus den zahlreichen kultischen Texten
für ein großes hethitisches Heiligtum erwarten würde: Tempel mit ihrem
Zubehör an Räumen für die Kultrequisiten, für Weihgaben, für Tempelgut,
an Küchen zur Zubereitung der für die Götter bestimmten kultischen Spei-
sen – das alles ist vielfach belegt. Aber die architektonische Form, die solche
Anforderungen zu erfüllen hatte, ist hier in diesem großen Kultbezirk in
einer Weise gelöst, die im hethitischen Kleinasien ohne Beispiel ist. Es gibt
auch keine Vorläufer, die eine Entwicklung in Richtung auf eine Gesamtanlage wie diese verständlich erscheinen ließen. Man wird zwar nicht verkennen, daß in einzelnen Teilen Elemente der älteren anatolischen Architek-

tur, zurückverfolgbar bis in das beginnende 2. Jahrtausend v. Chr., vorliegen, aber diese Tatsache hilft nicht zum Verständnis des Ganzen, das von Kleinasien aus gesehen ohne Zweifel die Verwirklichung eines neuen Entwurfes bedeutet. Das Problem, wie, auf welchem Wege und durch wen dieser Entwurf und seine Ausführung zustande gekommen sein können, stellt sich daher.

Ein altorientalisches großes Heiligtum ist stets in gewissem Umfange auch ein Wirtschaftszentrum gewesen, so daß die Kombination von eigentlichem Kultgebäude und Magazinen nicht selten begegnet. Man kennt sie etwa im Mari des 18. Jahrhunderts am mittleren Euphrat, man kennt sie aber auch außerhalb des Orients, z. B. bei den minoischen Palästen in Knossos, Phaistos und Mallia. Aber hier wie dort erweist schon die Lage dieser Magazine, daß sie am Ganzen gemessen von nachgeordneter Bedeutung waren. Beim hethitischen Tempel jedoch bilden sie einen bevorzugten Bestandteil und übernehmen neben ihrer reinen Zweckfunktion nicht nur die Aufgabe, den Tempel nach außen gegen die profane Welt abzuschließen, sondern bilden geradezu seine Fassade. Das „Haus der Arbeitsleistung" steht in Gestalt und Raumordnung im vorderasiatischen Kulturbereich gleichfalls allein, von seiner architektonischen Zuordnung zum Tempel ganz abgesehen.

Unser Blick richtet sich unwillkürlich nach Ägypten, denn nur dort gibt es Bauwerke, die sich in ähnlicher Weise aus den beiden Elementen, Kultbau und Magazintrakt, zusammensetzen. Beides für sich war selbstredend in der ägyptischen Architektur lange zuvor, schon im Alten Reiche, ausgebildet, die Magazine mindestens seit der 18. Dynastie, etwa beim Totentempel Tuthmosis III. in Theben, in wachsender Zuordnung zum Kultbau. Aber erst die 19. Dynastie bietet Anlagen, die mit den hethitischen verwandt sind. Am stärksten das Ramesseum in Theben, der große Tempel Ramses II., bei dem in gleicher Weise der Kultbau im Zentrum allseitig von Magazinen und von Räumen, die der Verwaltung gedient haben, umschlossen ist. Aber auch das „Haus der Arbeitsleistung" hat in Ägypten Entsprechendes, am deutlichsten im Beispiel der Handwerkersiedlung von Deir el-Medina, nicht weit vom Ramesseum, die in gleicher Weise durch eine Mauer hermetisch nach außen abgeschlossen ist, in der 19. Dynastie nur einen einzigen, leicht kontrollierbaren Aus- und Eingang besitzt und im Innern in eine Anzahl kleiner und kleinster Arbeits- und Wohnräume aufgeteilt ist.

Angesichts eines so bedeutenden Bauwerkes, wie es der große Tempelbezirk in der hethitischen Hauptstadt aus dem 13. Jahrhundert v. Chr. repräsentiert, der in diesem Lande ohne bekannte Vorstufen ist, und der – so scheint es jedenfalls heute – eine neue architektonische Konzeption in seiner Zeit darstellt, erhebt sich die Frage, ob hier nicht bestimmte Anregungen aus

Ägypten aufgegriffen worden sind. Haben die Höfe nicht, wie aus den Texten hervorgeht, bei Gelegenheit Personen mit bestimmten Fähigkeiten ausgetauscht? Hat nicht zur Zeit Ḫattušilis III. der babylonische König Kadašman-Turgu einen Bildhauer (eširu) an den hethitischen Hof geschickt, und ist nicht das gleiche von ägyptischer Seite u. a. durch Entsendung von Ärzten erfolgt? Gerade zur Zeit Ḫattušilis III. haben nach Abschluß des bekannten Vertrages sehr enge Beziehungen zum Ägypten Ramses II. bestanden, die namentlich durch die Texteditionen und -interpretation von Elmar Edel in das rechte Licht gerückt worden sind. Sie könnten den Anlaß dazu geboten haben, daß der hethitische König zwar keineswegs einen ägyptischen Tempelbezirk zu imitieren hieß, denn das schlossen ja die erheblichen Unterschiede im Kult und in den Anforderungen, welche die Kulthandlungen stellten, aus; wohl aber, daß man sich im Anspruch auf Gleichberechtigung von Hof und Staat an ähnliche Grundzüge ägyptischer Vorbilder gehalten hat. Damit ist ein Problem wenigstens angeschnitten, dem die zukünftige Forschung der Bedeutung wegen, die ihm über das rein Kleinasiatische hinaus zukommt, wird besondere Beachtung zu schenken haben.

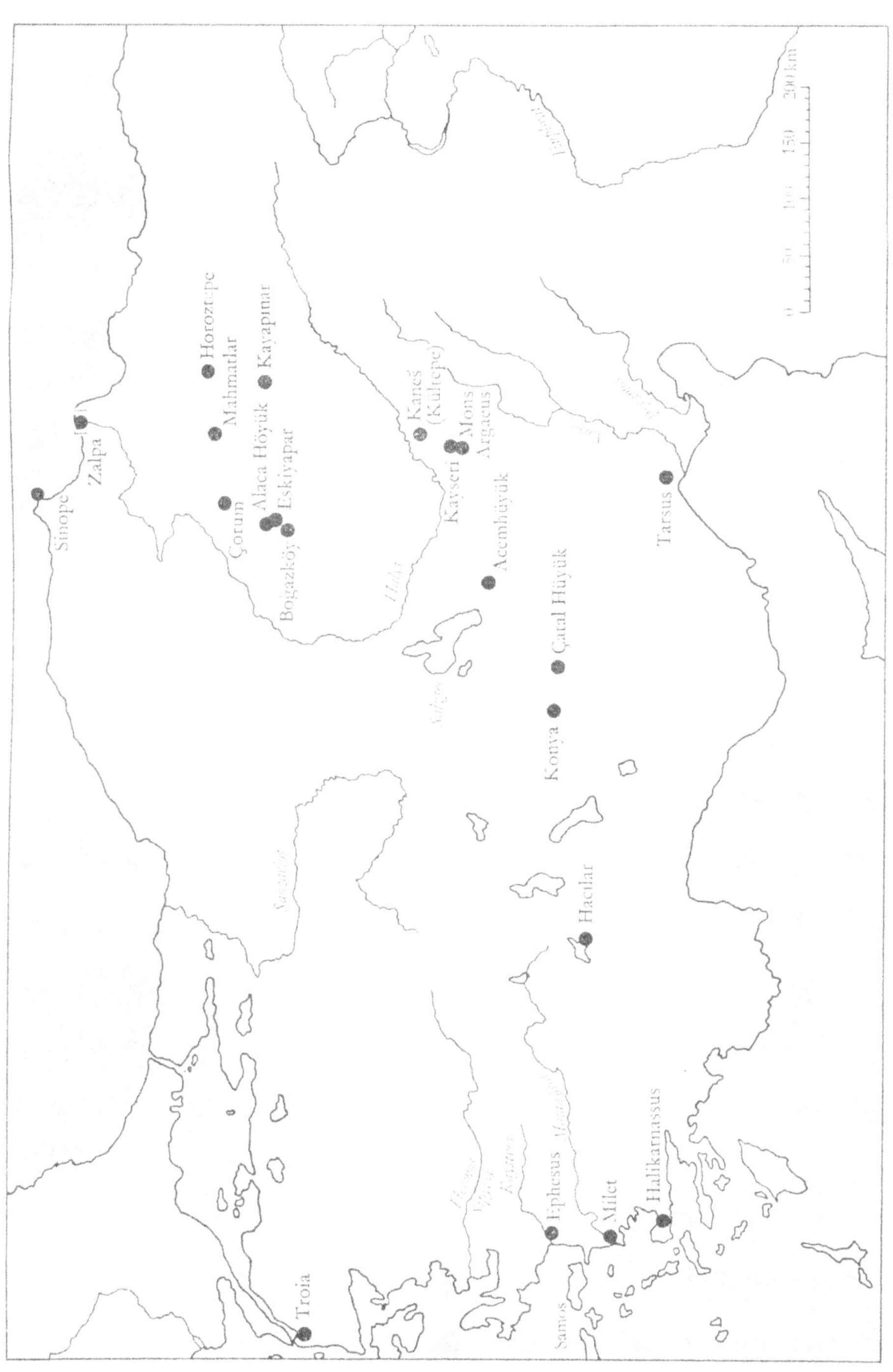

Horoztepe
Mahmatlar
Kayapınar
Alaca Höyük
Eskiyapar
Çorum
Boğazköy
Sinope
Zalpa
Kaneš
(Kültepe)
Mons
Argaeus
Kayseri
Acemhüyük
Tarsus
Çatal Hüyük
Konya
Hacılar
Troia
Ephesus
Milet
Halikarnassus
Samos
Halys
0 50 100 150 200 km

Diskussion

In der Diskussion, die sich an den Vortrag anschloß, stellte Herr Lehmann zunächst die Frage nach den Belegen für die Identifizierung von Kaneš/ Kültepe mit Neša und erwähnte, daß es in den assyrischen Texten von Kaneš einige hethitische Lehnworte gäbe. Herr Bittel begründete die Gleichsetzung unter Hinweis auf entsprechende neue Arbeiten von Alp, Güterbock, Otten und Robert. Frau Friedrich warf das Problem der ursprünglichen Herkunft der Hethiter auf, worauf Herr Bittel die bisher in diesem Zusammenhang vorgetragenen Theorien nannte und dabei betonte, daß beim gegenwärtigen Kenntnisstande eine eindeutige Entscheidung nicht möglich sei. Herr Stier hob hervor, daß in der Zeit des Großreiches die ägyptischen Einflüsse bedeutend gewesen sein müßten, wobei er die Königstitulatur („meine Sonne") und die Sphingen in Alaca Hüyük namentlich hervorhob. Anschließend warf er die Frage nach Herkunft und Verwandtschaft der in Boğazköy, aber auch in anderen hethitischen Städten vorkommenden Poternen auf, worauf Herr Bittel ausführte, daß er von einer Abhängigkeit von ähnlichen Anlagen, vor allem in der Aegaeis und auf dem griechischen Festland, nicht überzeugt sei. Die Erwähnung der sog. Tantalus-Burg bei Magnesia (Manisa) durch Frau Friedrich führte nicht nur zu einer Erörterung über diese Anlage, sondern auch zu einer Aussprache über das Land Aḫḫijava und die einst von Forrer daran geknüpfte Theorie.

An dieser Diskussion beteiligten sich vor allem die Herren Dihle, Lehmann und Bittel, wobei Herr Dihle längere Ausführungen über die Möglichkeiten der Annäherung unserer Kenntnisse über das früheste Griechenland und Anatolien machte. Er wies dabei darauf hin, daß es rein phänomenologisch zwei bemerkenswerte Parallelerscheinungen zwischen dem hethitischen Staat auf der einen und den Staaten der mykenischen Griechen auf der anderen Seite gäbe, die beispielsweise beide hochbürokratisierte Gebilde nach Art straff durchorganisierter orientalischer Monarchien erkennen ließen. Herr Lehmann kam noch einmal auf das Problem Aḫḫijava zurück und betonte seinerseits, daß man sich von der Identifizierung von Achäern mit mykenischen Griechen und gar mit einem mykenischen Reich oder dergleichen

freimachen müsse. Der Achäername begegne im eigentlichen mykenischen
Zentrum nicht. Auf Rhodos wurde besonders hingewiesen. Herr Bittel schil-
derte noch einmal kurz, was sich aus der hethitischen Überlieferung für die
Lage von Aḫḫijava ergibt. Es wurde auch erwähnt, daß der in diesem Zusammenhang nicht ganz belanglose Text des Madduvattaš, den man bisher
in das ausgehende 13. Jahrhundert datiert hat, wahrscheinlich aus dem späteren 15. Jahrhundert stammt. Herr Heissig erkundigte sich nach ägyptischen
Darstellungen von Hethitern, die dann Herr Bittel aufzählte, und wies darauf hin, daß der geschorene Hinterkopf, Stirnlocke und Zopf für Herkunft
aus dem Osten, aus Asien, sprächen. Eine erste Frage von Herrn Lübbe galt
dem Stand und den Ergebnissen paläobiologischer und agrikulturhistorischer
Forschung in Kleinasien, die Herr Bittel beantwortete; eine andere dem
Problem nach den Bedingungen, unter denen Fremdkulturen als eigene über-
nommen bzw. abgelehnt werden, aber auch, wie der außerordentliche Vorgang zu erklären sei, daß, wie es der Untergang des Hethiterreiches zeige,
Hochkulturen sozusagen durch primitivere überwältigt werden könnten und
welches die Basis für ein solches Geschehnis sei. Anschließend ging Herr Bittel auf das ein, was sich aus den Urkunden für den schließlichen Untergang
des hethitischen Reiches entnehmen läßt. Herr Schieder griff im späteren
Verlauf der Diskussion eine dieser Fragen wieder auf und erwähnte die in
der Regel sehr generellen Thesen, die im Hinblick auf Entstehen und Vergehen von Hochkulturen aufgestellt wurden, die aber von der Einzelfor-
schung nicht nachgewiesen werden könnten. Meist handle es sich um Schlüsse
von gut bezeugten Kulturen auf weniger gut bezeugte. Die These von
Rüstow, daß alle staatsähnlichen Gebilde durch Überschichtung von Bauern-
völkern durch Reitervölker entstanden seien, und Spenglers bekannte Thesen
in diesem Zusammenhang wurden erwähnt. Herr Bittel erklärte, daß eine
solche spezielle Überschichtung bei den Hethitern nicht nachweisbar sei. Herr
Narr bemerkte, daß Reitervölker im eigentlichen Sinne erst seit dem 8. Jahrhundert v. Chr. nachweisbar seien. Herr Rengstorf erkundigte sich nach dem
Effekt der waldwirtschaftlichen Bemühungen des Herrn Heske in der Tür-
kei. Herr Stier spricht über das Verhältnis der Hethiter zu Syrien und Herr
Lausberg über die dynastischen Beziehungen zwischen Hurritern und Hethitern, wozu er Ähnliches aus der neueren englischen und französischen Geschichte beiträgt. Herr Stier fragt nach der Bedeutung des im Vortrag nicht
erwähnten Palastes von Beycesultan, dann nach den Gründen der merkwür-
dig exzentrischen Lage der hethitischen Hauptstadt gemessen an der maxi-
malen Ausdehnung des hethitischen Staatsgebietes. Auch Herr Lehmann
äußert sich hierzu. Herr Bittel gibt eine kurze Begründung unter Zugrunde-
legung der verfügbaren Urkunden. Herr von Petrikovits möchte gern noch

ergänzend erfahren, ob alle im Vortrag erwähnten Felsreliefs ihrer Zeitstellung nach als hethitisch gelten können, was Herr Bittel bejaht.

Zum Schluß wirft Herr Dihle noch einmal die schon von Herrn Schieder berührte geschichtstypologische Frage auf und betont, daß das Entstehen und Vergehen von Hochkulturen meist ein sehr komplexer Vorgang sei, der es nicht leicht mache, allgemeine Gesetzmäßigkeiten abzuleiten. Das Phänomen der ungefähren Gleichzeitigkeit im Wechsel von großräumigen und kleinräumigen Staatsbildungen wird erwähnt und an den Beispielen der Aegaeis und des Vorderen Orients erörtert.

ABHANDLUNGEN

33	*Heinrich Behnke und* *Klaus Kopfermann (Hrsgb.)* *Münster*	Festschrift zur Gedächtnisfeier für Karl Weierstraß 1815-1965
34	*Joh. Leo Weisgerber, Bonn*	Die Namen der Ubier
35	*Otto Sandrock, Bonn*	Zur ergänzenden Vertragsauslegung im materiellen und internationalen Schuldvertragsrecht. Methodologische Untersuchungen zur Rechtsquellenlehre im Schuldvertragsrecht
36	*Iselin Gundermann, Bonn*	Untersuchungen zum Gebetbüchlein der Herzogin Dorothea von Preußen
37	*Ulrich Eisenhardt, Bonn*	Die weltliche Gerichtsbarkeit der Offizialate in Köln, Bonn und Werl im 18. Jahrhundert
38	*Max Braubach, Bonn*	Bonner Professoren und Studenten in den Revolutionsjahren 1848/49
39	*Henning Bock (Bearb.), Berlin*	Adolf von Hildebrand Gesammelte Schriften zur Kunst
40	*Geo Widengren, Uppsala*	Der Feudalismus im alten Iran
41	*Albrecht Dihle, Köln*	Homer-Probleme
42	*Frank Reuter, Erlangen*	Funkmeß. Die Entwicklung und der Einsatz des RADAR-Verfahrens in Deutschland bis zum Ende des Zweiten Weltkrieges
44	*Reiner Haussherr, Bonn*	Michelangelos Kruzifixus für Vittoria Colonna. Bemerkungen zu Ikonographie und theologischer Deutung
45	*Gerd Kleinheyer, Regensburg*	Zur Rechtsgestalt von Akkusationsprozeß und peinlicher Frage im frühen 17. Jahrhundert. Ein Regensburger Anklageprozeß vor dem Reichshofrat. Anhang: Der Statt Regenspurg Peinliche Gerichtsordnung
46	*Heinrich Lausberg, Münster*	Das Sonett *Les Grenades* von Paul Valéry
47	*Jochen Schröder, Bonn*	Internationale Zuständigkeit. Entwurf eines Systems von Zuständigkeitsinteressen im zwischenstaatlichen Privatverfahrensrecht aufgrund rechtshistorischer, rechtsvergleichender und rechtspolitischer Betrachtungen
48	*Günther Stökl, Köln*	Testament und Siegel Ivans IV.
49	*Michael Weiers, Bonn*	Die Sprache der Moghol der Provinz Herat in Afghanistan

Sonderreihe
PAPYROLOGICA COLONIENSIA

Vol. I
Aloys Kehl, Köln Der Psalmenkommentar von Tura, Quaternio IX
(Pap. Colon. Theol. 1)

Vol. II
Erich Lüddeckens, Würzburg Demotische und
P. Angelicus Kropp O. P., Klausen Koptische Texte
Alfred Hermann und Manfred Weber, Köln

Vol. III
Stephanie West, Oxford The Ptolemaic Papyri of Homer

Vol. IV
Ursula Hagedorn und Das Archiv des Petaus (P. Petaus)
Dieter Hagedorn, Köln,
Louise C. Youtie und
Herbert C. Youtie, Ann Arbor (Hrsg.)

SONDERVERÖFFENTLICHUNGEN

Der Minister für Wissenschaft und Jahrbuch 1963, 1964, 1965, 1966, 1967, 1968, 1969, 1970 und
Forschung 1971/72 des Landesamtes für Forschung
des Landes Nordrhein-Westfalen
- Landesamt für Forschung –

Verzeichnisse sämtlicher Veröffentlichungen der Arbeitsgemeinschaft für Forschung
des Landes Nordrhein-Westfalen, jetzt der Rheinisch-Westfälischen Akademie
der Wissenschaften, können beim Westdeutschen Verlag GmbH, 567 Opladen,
Ophovener Str. 1–3, angefordert werden.